《情緒百寶箱》遊戲小冊

U0027533

編著：楊俐容老師、CareMind耕心學院心理師團隊

〈神奇的情緒工廠〉套書導讀
給孩子的14個學習單：
● 情緒偵探社 ● 情緒主人翁 ● 生氣管理局 ● 儲存好心情

導讀：讓情緒成為孩子一生帶得走的能力

文／楊俐容（心理教育專家、CareMind耕心學院知識長）

你知道情緒成百上千，但每一個都歸屬於六大情緒家族中的一支嗎？

你知道這六大基本情緒家族，分別是哪些嗎？

你知道了解情緒在大腦裡是怎麼運作的，對於情緒管理會有幫助嗎？

你知道生理反應和表情動作等線索，可以讓我們更快、更精準的覺察自己的情緒嗎？

你知道哪些情緒調節方法，是有效而且具有建設性的嗎？

以上所有問題的答案，都在〈神奇的情緒工廠〉這套書裡！更棒的是，這套書是專門為八歲以上孩子量身創作的科普書，內容完全來自心理學與大腦科學的研究結果，創作形式卻是孩子非常喜歡的繪本。大量的圖像，讓孩子可以快速掌握重要概念，簡明扼要的文字，則可以幫助孩子正確認識相關知識。兩者的完美結合，就成了孩子「社會情緒學習」（Social-Emotional Learning，簡稱SEL）的最佳素材。

近年來，社會情緒學習被認為是培育21世紀人才必備的關鍵學習。無論是聯合國、經濟合作暨發展組織OECD，或世界經濟論壇WEF等關注全球發展的重要機構，都非常積極的倡導這個概念；而情緒力，則是SEL最核心的基礎。因為如此，以情緒為主題的故事繪本如雨後春筍般，紛紛冒出頭來，這對於孩子的情緒學習當然有很大的幫助。

一般說來，故事繪本因為有情節轉折，對於情緒事件和感受著墨較多，孩子可以透過對主角經驗的共鳴、與自身生活的連結，產生對類似事件的覺察和理解，進而達到情緒上的領悟與宣洩。

覺察領悟是學習的第一步，但是，光有覺察，並無法保證學習的發生。許多研究指出，SEL能力的培育必須三管齊下，才能達到最佳的學習成效。也

就是說，除了引發孩子產生領悟，還要將相關知識與技巧介紹給孩子，讓孩子在生活中反覆思考與練習。這時，〈神奇的情緒工廠〉這一套精采的作品，就可以幫助孩子整合故事繪本所帶來「心有戚戚焉」的感受，以及知識繪本所激發「原來如此、原來可以這樣……」的理解和學習。

本套書共有六冊，分別探討「害怕、生氣、悲傷、討厭、驚奇、快樂」，這正是目前心理學界普遍認可的人類六大基本情緒。在每一個類別下，又介紹了多個不同強度與複雜度的情緒詞彙。孩子一旦對六大基本情緒有了完整的認識，就能舉一反三，快速理解同家族的其他情緒。

針對每種基本情緒，書中羅列出常見的生活情境，幫助孩子了解容易引發情緒的典型事件。書中對每種情緒的生理反應和表情動作的描述，可以提升孩子對自己和別人情緒的敏銳覺察，讓孩子更容易調適自己的情緒、對別人展現同理心。書中提到的每一個情緒調節方法，都有科學理論的支持，只要持續練習、實際運用在生活中，孩子就有機會成為情緒管理高手。

SEL教育認為無論大人或小孩，都應該認識情緒的大腦機制，這套書能夠以圖文並茂的方式，簡單又具體的把每個基本情緒的大腦機制呈現出來，功力令人佩服。每一冊最後還附上和該情緒有關的小趣聞、歷史故事、文化差異，甚至還描述了動物的情緒反應，讓孩子在幽默中學習，更為這套書生色不少！

「習慣成自然」是大腦不變的定律，情緒需要反覆學習，才會變成孩子一生帶得走的能力。在小漫遊文化編輯室的邀請下，我和耕心學院心理師團隊特別為孩子設計了《情緒百寶箱》遊戲小冊 ，來深化孩子對情緒的認識和運用。祝福每個小讀者玩得開心、學得愉快！

第一部
情緒偵探社

1.十大情緒祕密檔案

在每天的生活中，我們常會產生各種情緒，你知道每一種情緒的祕密檔案是哪個嗎？請把正確的英文字母填在對應的白色圓圈裡。

Ⓐ 對某件事情、某個情況感到滿意時的情緒。

Ⓑ 失去喜歡的人、事、物，或期望落空時的情緒。

Ⓒ 碰到對身心有威脅的人、事、物，或預期會有危險發生時的情緒。

Ⓓ 面對正在發生，或即將發生的壓力事件時的情緒。

Ⓔ 對某件事情感到不滿，或想要什麼、想做什麼卻受到阻礙時的情緒。

Ⓕ 受到不公平的指責、對待，或被誤解時的情緒。

Ⓖ 剛完成一件需要集中注意力的工作，或沒有任何壓力時的情緒。

Ⓗ 很滿意自己的表現，或把事情做得很好時的情緒。

Ⓘ 碰到不喜歡的人、事、物時的情緒。

Ⓙ 因為自己過去做的決定或行為，造成現在不喜歡的結果時的情緒。

2.情緒表情拼一拼

以下有驚訝、難過、生氣和開心四款情緒表情拼圖，你知道每個情緒的表情，分別是由哪個代號的眉毛、眼睛和嘴巴三張拼圖片所組成的嗎？請仔細觀察下方的拼圖片，再把答案寫在括號裡。

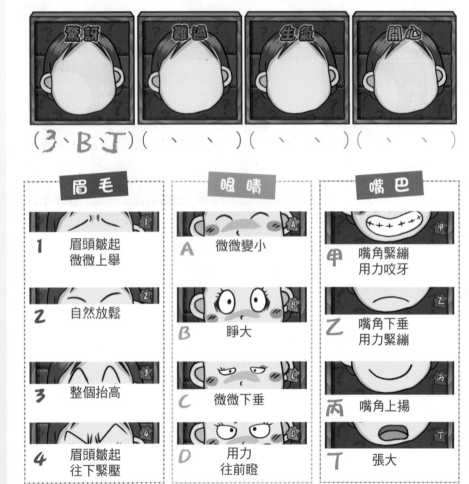

（3、B、丁）（ 、 、 ）（ 、 、 ）（ 、 、 ）

眉毛

1 眉頭皺起微微上舉

2 自然放鬆

3 整個抬高

4 眉頭皺起往下緊壓

眼睛

A 微微變小

B 睜大

C 微微下垂

D 用力往前瞪

嘴巴

甲 嘴角緊繃用力咬牙

乙 嘴角下垂用力緊繃

丙 嘴角上揚

丁 張大

參考解答：
驚訝（3、B、丁）；難過（1、C、乙）；生氣（4、D、甲）；開心（2、A、丙）

3.情緒氣象報告

下面有八件生活中可能會遇到的事件，請想像當你碰到這樣的事情時：

- 會有什麼樣的情緒？請把那個情緒詞的編號寫在事件右側的括號裡。
- 這個情緒屬於哪種情緒型態？請在情緒氣象圖中把適合的符號圈起來。
- 你的情緒強度會有多高？再把氣象圖下方的溫度計塗上適合的高度。

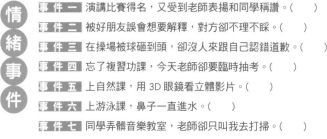

事件一 演講比賽得名，又受到老師表揚和同學稱讚。（　　）

事件二 被好朋友誤會想要解釋，對方卻不理不睬。（　　）

事件三 在操場被球砸到頭，卻沒人來跟自己認錯道歉。（　　）

事件四 忘了複習功課，今天老師卻要臨時抽考。（　　）

事件五 上自然課，用 3D 眼鏡看立體影片。（　　）

事件六 上游泳課，鼻子一直進水。（　　）

事件七 同學弄髒音樂教室，老師卻只叫我去打掃。（　　）

事件八 跟家人去吃生日大餐，還收到喜歡的禮物。（　　）

	事件一	事件二	事件三	事件四	事件五	事件六	事件七	事件八
情緒型態								
情緒溫度								

7

💡我還想到不同的情緒，發生的情況是......

第二部
情緒主人翁

1. 不擔心壞心情

圖片中的小朋友遇到一些事件，猜猜看他們的心情是
1. 緊張 2. 難過 3. 無聊，還是 4. 害怕呢？

請把正確的號碼填在「文字說明」左邊的方格中。
然後，請沿著道路向左走，碰到梯子就要先往上或往下爬，才能
繼續向左走，最後就會找到跟主角一樣心情的 EQ 魔法蛋喔！

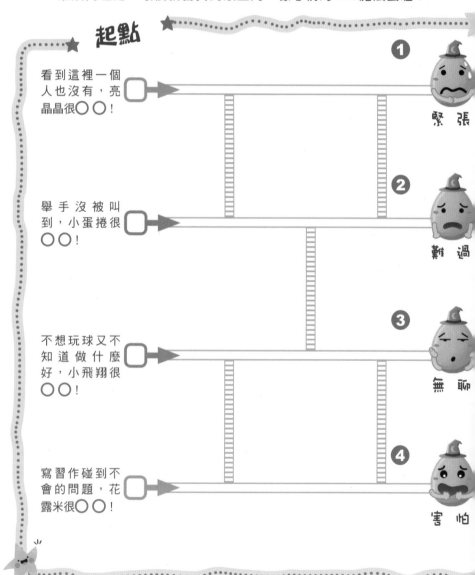

起點

看到這裡一個
人也沒有，亮
晶晶很○○！

舉手沒被叫
到，小蛋捲很
○○！

不想玩球又不
知道做什麼
好，小飛翔很
○○！

寫習作碰到不
會的問題，花
露米很○○！

❶ 緊張

❷ 難過

❸ 無聊

❹ 害怕

參考解答：綠色：4 紅色：2 藍色：3 橘色：1

接著再想想看，這件事情是「不解決也 OK」（ 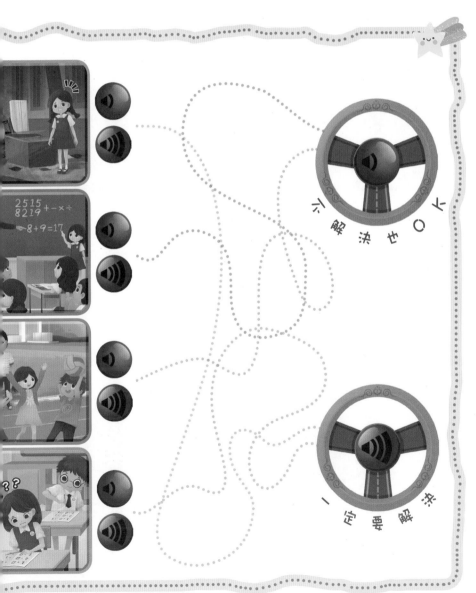 ），還是「一定要解決」（ ）呢？圖片右邊有兩個喇叭，請把正確的答案圈起來，接著，沿著右邊的線條走就會知道他們的想法囉！看看你想的跟他們是不是一樣！

不解決也 ○ K

一定要解決

2.幫幫壞心情

圖片中的小朋友碰到一些事情讓他們有了壞心情，如果是你，會用哪個方法來讓心情變好或解決問題呢？其中有些不解決也 OK，有些一定要解決。請把圖片和方法連起來！

要排隊等一下，
小蛋捲很無聊！

不小心弄髒同學的筆記
本，亮晶晶很緊張！

身體不舒服不能玩鬼抓
人，花露米很難過！

建議他做喜歡的事

建議他幫自己加油

12

找不到喜歡的筆寫字，
亮晶晶很難過！

今天剛好不想玩球，
小飛翔很無聊！

放學等不到媽媽來接，
花露米很害怕！

建議他自己解決

建議他找人幫忙

3.情緒調節5原則

你知道調節情緒的原則是什麼嗎？請把左邊兩個關鍵字和右邊五條原則連起來：

不 ●
　　　● 不傷人傷己
　　　● 能有好情緒
　　　● 不破壞物品
能 ●
　　　● 不破壞關係
　　　● 能減少問題

💡我有好方法

以下有10個一般人常用來調節負向情緒的方法，請想想看當你心情不好時，你會用其中的哪些方法來調節情緒，並在左邊的空格裡打勾(✔)。接著，請猜猜看這10個方法中哪些是有效的？哪些是無效的？再把你認為正確的答案圈起來。

我常用	情　境	有效	無效
▷	1. 一個人躲起來哭泣或生悶氣。	○	✘
▷	2. 找可以信任的朋友或師長傾訴。	○	✘
▷	3. 先去做別的或喜歡的事情，轉換一下心情。	○	✘
▷	4. 遷怒別人，把情緒發洩在不相干的人身上。	○	✘
▷	5. 聽音樂、讀好書、參加藝文活動。	○	✘

我常用		情　境	有效	無效
▷		6. 捶打沙袋或出氣娃娃。	O	✗
▷		7. 寫心情日記，想清楚是怎麼一回事。	O	✗
▷		8. 甩門、摔東西、大吼大叫、說些難聽的話。	O	✗
▷		9. 一直看電視或打電動、大吃大喝或瘋狂購物。	O	✗
▷		10. 以靜坐、深呼吸、散步、運動來放鬆身心。	O	✗

💡我還想到不同的方法，來調節不好的情緒

參考解答：

不　能

不傷人傷己
能有好情緒
不破壞物品
不破壞關係
能減少問題

參考解答：　有效：2、3、5、6、7、10
　　　　　　　無效：1、4、8、9

4.EQ武功祕笈：數數呼吸法

認識數數呼吸法

找個安靜、舒適的地方，利用 3-5分鐘做練習。可先從吐一口氣，感覺肚子消下去開始，然後慢慢的吸氣、吐氣，並在心中默數：吸234，吐234，可以立即舒緩情緒等等。

學習EQ武功，最重要的就是在生活中充分運用練習。請把你覺得適合練習數數呼吸的地點或時間勾選起來。

（　）任何安靜的角落

（　）沙發上

（　）緊張的時候

（　）休息的時候

（　）教室座位上

（　）考試前 3～5 分鐘

接著請把你這一週練習數數呼吸法的次數記錄下來，練習一次就可以塗一個笑臉。練習越多次，越有機會成為厲害的 EQ 高手喔！

💡我還想到不同的地點和時間適合使用數數呼吸法

第三部
生氣管理局

1. 我的生氣雷達

你容易生氣嗎？翻到 20-21 頁的測驗題目，想想看碰到這樣的事情時你會有多生氣，並在符合你的空格裡打勾「✔」。完成勾選後，請計算你的各項總分。

0完全不生氣　**1**有點生氣　**2**很生氣　**3**非常生氣　**4**超級生氣

請依照你的第一個直覺作答，不要去想哪個答案才對或應該如何，填答時也請特別注意，題目排列是先從左到右，再從上到下。

程度	0	1	2	3	4	程度	0	1	2	3	4	程度	0	1	2	3	4	程度	0	1	2	3	4	程度	0	1	2	3	4
1						2						3						4						5					
6						7						8						9						10					
11						12						13						14						15					
16						17						18						19						20					
題數						題數						題數						題數						題數					
得分	0	1	2	3	4	得分	0	1	2	3	4	得分	0	1	2	3	4	得分	0	1	2	3	4	得分	0	1	2	3	4
小計						小計						小計						小計						小計					
總分						總分						總分						總分						總分					
類別						類別						類別						類別						類別					

接著，請依照你在每個類別的總分，找到雷達圖上相對應的刻度標出「●」的記號，並寫上你的總分。再以線條將這五個「●」連起來，就可以得到你的「生氣雷達圖」。

生氣雷達自我測驗

1. 上廁所時發現上一位同學大便沒沖掉，又臭又噁心。

2. 同學下棋快輸了，就故意把棋盤毀了。

3. 前面的同學一直把椅子往後靠，結果正在寫字的你都寫歪了。

4. 同學幫你取了一個你很不喜歡的綽號，還一直跟別人宣傳。

5. 快要輪到你玩遊樂設施時，幾個同學插隊排到你前面。

6. 連日高溫酷熱，偏偏家裡冷氣壞了，你汗如雨下，很不舒服。

7. 你新買的自動筆被妹妹拿去當鼓棒，連筆芯都被敲斷了。

8. 你才回到家，正想休息一下，媽媽就要你立刻去寫功課。

9. 你大考粗心錯了一大題，已經夠懊惱了，爸爸還當著別人面前指責你。

10. 玩具明明就不是你弄亂的，爸媽卻要求你收拾。

11 大隊接力時，隔壁班同學為了搶跑道把你撞倒，你的膝蓋都破皮了。

12 美術課同學跟你借蠟筆，還給你的時候好幾支都斷成兩截了。

13 你們班眼看就要贏得拔河冠軍，卻因為有同學受傷比賽就中止了。

14 下課時你想留在教室看課外書，同學卻圍在一起嘲笑你「書呆子」。

15 好不容易把走廊拖乾淨，卻被同學們踩髒，害你必須重新打掃。

16 放學回家肚子很餓，卻發現家裡的點心都被姊姊吃光了。

17 弟弟把你的習作當成畫冊，在裡面畫了一堆圖。

18 爸爸明明說好要開車送你去參加同學生日派對，卻因為臨時有事沒載你去。

19 你剪了一個滿意的新髮型，哥哥卻一直笑你是呆瓜頭。

20 你最愛的節目就要開演，媽媽卻要你讓妹妹看卡通。

2.大腦生氣滅火器

發現自己快要生氣或開始生氣時，只要趕快用前額葉滅火器來撲滅生氣火苗，就可以避免火勢擴大、釀成情緒災害。以下有A、B、C、D四種常見而且有效的滅火器，請把每一支滅火器專屬的名稱、口訣以及具體方法的編號寫在該滅火器的下方。

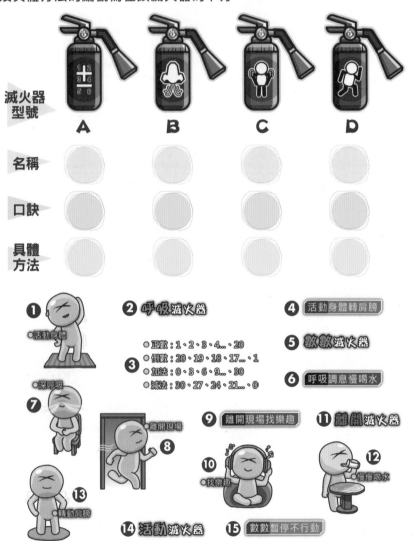

滅火器型號	A	B	C	D
名稱				
口訣				
具體方法				

❶ •活動身體

❷ 呼吸滅火器

❸
● 正數：1、2、3、4...、20
● 倒數：20、19、18、17...、1
● 加法：0、3、6、9...、30
● 減法：30、27、24、21...、0

❹ 活動身體轉肩膀

❺ 數數滅火器

❻ 呼吸調息慢喝水

❼ •深呼吸

❽ •離開現場

❾ 離開現場找樂趣

❿ •找樂趣

⓫ 離開滅火器

⓬ •慢慢喝水

⓭ •轉動肩膀

⓮ 活動滅火器

⓯ 數數暫停不行動

參考解答：
A：5；15；3　B：2；6；7、12　C：14；4；1、13　D：11；9；8、10

3.大腦滅火拍

依據大腦科學的研究結果，我們可以用手勢A來比喻生氣火苗被點燃，用手勢B來比喻啟動前額葉滅火器來滅火。善用滅火拍的意象，默唸口訣，並做出從A到B的手勢變化，可以提醒自己或互相信任的家人和朋友，發揮前額葉的理性功能、平息杏仁核的生氣火苗。

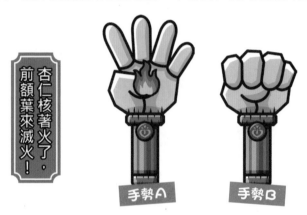

杏仁核著火了，前額葉來滅火！

手勢A　手勢B

請試著在日常生活中運用，每練習一次就可以為一支滅火拍塗上你喜歡的顏色。練習越多次，就越能管理好生氣情緒，成為功力更強的EQ達人喔！

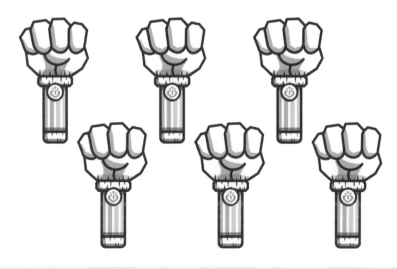

第四部
儲存好心情

1.發現好心情

你知道圖中頭上有星星的主角碰到什麼事情了？你認為主角是什麼心情？從圖片右邊的四個好心情中選出答案，把它圈起來，再幫主角畫上表情。

請把主角的心情圈起來　　　請幫主角畫上表情

1 看到蝴蝶突然飛起來，亮晶晶覺得很 ○○。

 開心　　 驚喜　　 得意　　 有趣

2 和同學一起在大操場玩，小飛翔覺得很 ○○。

 開心　　 驚喜　　 得意　　 有趣

3 看到同學跟他說再見，小蛋捲覺得很 ○○。

 開心　　 驚喜　　 得意　　 有趣

4 被老師稱讚數字寫得很整齊，花露米覺得很 ○○。

 開心　　 驚喜　　 得意　　 有趣

看完後可以跟家人或同學分享，
看看你的答案跟他們一樣不一樣！

2.我的好心情

 什麼事情會讓你有「開心、驚喜、得意、有趣」的心情呢？每個人對同樣的事情可能會有不同的心情，請依照你自己的感覺把事情跟心情連起來！

突然收到
喜歡的禮物

得　意

跟同學玩
躲貓貓

帶小狗
去散步

驚　喜

盪鞦韆盪很高

幫媽媽
做家事

有　趣

突然看到彩虹

吃冰淇淋

開　心

自己收好書包

看完後可以跟家人或同學分享，
看看你的答案跟他們一樣不一樣！

3.好心情迷宫

小蛋捲要去找 Q 寶玩，但碰到 EQ 魔法蛋跟他開玩笑，他必須依照「開心 → 驚喜 → 得意 → 有趣」的順序走，才能順利和 Q 寶會合。

4.靜心雪花球

當我們覺得情緒起伏不定時，除了可以透過觀察雪花球裡的雪花片慢慢飄落，讓自己的情緒平靜下來之外，下面這些方法也很有幫助喔！你覺得自己會喜歡哪些方法呢？請在前面的括號裡打勾。

（　）看著秒針轉動1分鐘

（　）閉上眼睛聽溫柔的輕音樂

（　）抱抱讓自己感到安心的人或物品

（　）觀察天上雲朵的變化

（　）慢慢為一幅畫著色

（　）慢慢的喝一杯水

💡我還想到不同的方法可以放鬆心情

接著請把你練習靜心的次數記錄下來，
每練習一次就可以塗一片雪花。

練習越多次就越容易成為厲害的 EQ
高手喔！

練習讓情緒回復平靜，不只
可以讓自己心情變好，還可
以讓頭腦變得更清晰，學習
效果更好喔！

數學素養題型 衜接解答

由貼近生活的科普文章轉化成數學題組
符合108課綱精神的數學素養學習教材

數感實驗室／編著

數感實驗室

MATHEMATICAL
LITERACY